INFLUENCE

DE

L'EMPRISONNEMENT CELLULAIRE

DE MAZAS

SUR LA SANTÉ DES DÉTENUS.

DE L'EMPRISONNEMENT CELLULAIRE.

RAPPORT

Fait à l'Académie impériale de Médecine

SUR UN MÉMOIRE DE M. LE DOCTEUR DE PIÉTRA SANTA,
MÉDECIN PAR QUARTIER DE S. M. L'EMPEREUR,
ET DE LA PRISON DES MADELONETTES, AYANT POUR TITRE :

INFLUENCE

DE

L'EMPRISONNEMENT CELLULAIRE

DE MAZAS

SUR LA SANTÉ DES DÉTENUS.

MM. LONDE, ET COLLINEAU, RAPPORTEUR.

Lu en Séance, le 17 Avril 1855.

Paris,

IMPRIMERIE FÉLIX MALTESTE ET Cie,

RUE DES DEUX-PORTES-SAINT-SAUVEUR, 22.

—

1855

Dans la publication de ce rapport, il n'entre
aucune idée d'opposition aux décisions de l'Académie, qui n'en a pas adopté les conclusions. Elle
connaît, du reste, notre dévouement en toute circonstance. Mais nous ne voulons pas que l'on pense
que nous nous sommes acquitté négligemment de
nos devoirs envers cette compagnie savante, ou
que nous ayons outrepassé nos droits de rapporteur.

Nous avions à rendre compte d'un travail de
M. le docteur de Pietra-Santa, nous l'avons fait,
après nous être assuré de la justesse de ses cita-
tions, de ses observations et de ses calculs. Ce travail nous ayant conduit nécessairement avec l'auteur à la question générale de l'emprisonnement,
nous avons exposé librement, et soutenu par notre
longue expérience, notre opinion sur les inconvénients et les avantages hygiéniques que présente
l'emprisonnement cellulaire, comparé à la déten-

tion en commun. Nous sommes bien loin d'avoir tout dit, les bornes d'un rapport ne le permettaient pas.

Du reste, cette question dont nous ne nous étions jamais sérieusement occupé, et qui pourtant, à raison de notre position médicale, nous est très familière, nous a paru ne devoir se résoudre, définitivement et sur tous les points, qu'à l'aide du temps et d'une longue expérimentation.

Pour le moment, on peut voir dans tout notre travail, qu'après notre devoir à remplir envers l'Académie et M. de Pietra-Santa, notre but principal est d'écarter des sciences naturelles, sous le rapport de l'organisation vivante et des actes qui en résultent immédiatement, la fausse application, l'abus des chiffres et des statistiques.

DE L'EMPRISONNEMENT CELLULAIRE.

Rapport sur un mémoire de M. le docteur de PIÉTRA SANTA,
médecin par quartier de sa majesté l'empereur,
et de la prison des Madelonettes, ayant pour titre :

INFLUENCE

DE

L'EMPRISONNEMENT CELLULAIRE

DE MAZAS

SUR LA SANTÉ DES DÉTENUS.

Lu en Séance, le 17 Avril 1855.

MESSIEURS,

Il est des questions limitées dont la solution, sans être dénuée d'importance, ne réclame cependant que des recherches peu nombreuses, et l'emploi modéré des forces de l'intelligence.

Il en est d'autres tellement étendues et d'une application tellement générale, qu'elles embrassent, soulèvent,

changent ou modifient les intérêts les plus multipliés ,
et, sous le rapport humanitaire, les plus graves de l'état
social. Telle est , jusqu'à un certain point, et dans sa
portée la plus générale, celle que vient vous proposer ici
M. de Pietra Santa, et sur laquelle vous nous avez chargés , M. Londe et moi, de vous faire un rapport.

Ce n'est pas la première fois, Messieurs, que vous
êtes appelés à vous prononcer sur des questions de cette
nature, qui, sur plusieurs points, entrent dans vos attri-
butions.

Il s'agit de l'influence hygiénique de l'état de détention sous plusieurs formes; d'abord sous la forme de
détention cellulaire, et ensuite sous celle de la détention
en commun.

La détention cellulaire est représentée par la prison
de *Mazas*, la détention en commun, par la prison des
Madelonettes.

Le mémoire parle aussi de la *vieille Force*; mais le
rappel de ce qui se passait dans cette ancienne prison
ne pourrait rien nous apprendre d'utile , et ne ferait
qu'apporter quelque trouble sur ce que nous avons à
vous dire ; seulement, nous vous prierons de vous rappeler que, suivant M. de Pietra Santa, le nombre relatif
des maladies et des décès était plus considérable à la
vieille Force qu'il n'est à Mazas ; mais que, par compen-
sation , le nombre des aliénations mentales et des suicides est beaucoup plus grand dans cette dernière
prison.

Vous comprenez , Messieurs, que cette dernière proposition si défavorable à l'emprisonnement cellulaire a

dû trouver de graves oppositions, et soulever les discussions les plus animées. M. le docteur Lelut, partisan déclaré, soutien enthousiaste, dit-on, du système cellulaire, mais chez lequel nous nous plaisons à reconnaître un esprit très distingué, un incontestable talent, et dont nous ne connaissons le travail que par celui de M. de Pietra Santa, M. Lelut, disons-nous, s'est empressé de combattre les propositions avancées par ce médecin, qui, loin de refuser le combat, s'est pris déterminément corps à corps avec son adversaire ; d'où il est résulté plus de quinze pages de chiffres placés, alignés et combinés de toutes les manières, mais avec beaucoup de soin et d'exactitude.

Quelque bien fait, quelque sérieux, quelque consciencieux même, de part et d'autre, que soit le travail dont il s'agit, nous espérons, Messieurs, que vous nous saurez quelque gré de vous en épargner l'analyse : d'autant mieux que, depuis longtemps, nous avons fait connaître à l'Académie notre opinion sur l'application des chiffres aux actes de l'organisme et de l'entendement humain : nous dirons seulement qu'après s'être entouré de chiffres, de formules et de tableaux, que, malgré leur excellente composition, l'attention des auditeurs aurait peut-être peine à suivre, M. de Pietra Santa a fait très habilement prévaloir la conclusion suivante, qui, jusque-là, n'était qu'une simple proposition.

Cette conclusion la voici : *les suicides à Mazas ont été 12 fois plus nombreux qu'ils ne l'avaient été à la vieille Force et même aux Madelonettes.*

Tel est, Messieurs, l'aperçu très succinct que votre

commission a cru devoir mettre sous vos yeux. L'exposé qu'elle va faire de ses opinions suppléera à ce qu'il peut avoir d'incomplet et de défectueux. Commençons par le système numérique qui sert de base au travail dont il s'agit, et que des autorités respectables soutiennent encore aujourd'hui dans ses applications à diverses branches de l'histoire naturelle.

Nous sommes loin de contester la valeur des chiffres et des calculs, dans une foule d'applications utiles, de procédés et de problèmes, que seuls ils peuvent résoudre. Ainsi, sur ce point, nulle contestation ; mais ce que nous n'admettons pas, ce que nous avons toujours rejeté, et ce que nous rejetons encore de toutes nos forces, c'est la justesse des résultats que le calcul peut atteindre lorsqu'on veut l'appliquer rigoureusement aux actes de la vie, avant que l'esprit en ait prévu et réglé l'application ainsi que la portée.

Le chiffre qui concourt à former nos calculs est une création de l'esprit, faite pour représenter les quantités, les nombres, comme les signes et les mots représentent la pensée. Mais, par cela même qu'il est une création de l'esprit, il n'est quelque chose que pour l'esprit. Sa valeur est absolue ; or, l'absolu n'existe pas dans la nature dont les actes, toujours mobiles, se confondent incessamment.

Encore une fois, car on ne peut pas trop le redire, aussitôt qu'il ne s'agit plus de constater simplement et sans autre prétention, des quantités, des nombres, mais que l'on veut assembler, comparer, assimiler, confondre des choses ou des actes qui se rattachent aux mouvements si nombreux, si variables de la vie, des organisations et de certaines institutions humaines qui en dérivent, l'argument chiffré, par lui-même inflexible et mort, n'est plus, considéré dans ce qu'il a d'absolu, qu'une source d'erreurs d'autant plus séduisantes, d'autant plus difficiles à éviter, qu'ayant toute l'apparence de la justesse et de la certitude, elles font trop souvent oublier que les choses d'intelligence ne sont justiciables que de l'esprit, qui, souple et pénétrant, peut seul saisir comparer et juger ce que le chiffre ne peut atteindre, et ce qui souvent est la base de la vérité.

Le chiffre est matérialiste et anti-philosophique.

Tout en reconnaissant l'incertitude des systèmes numériques, M. de Pietra-Santa, qui avait à combattre des opinions, à détruire des assertions fondées sur des calculs, sur des statistiques qu'il ne trouvait pas acceptables, M. de Pietra-Santa, disons-nous, oppose chiffre à chiffre; et, à notre avis, il ne devait pas faire autrement.

Nous suivrons une autre voie.

Voyons maintenant en quoi ces propositions sont applicables au sujet du rapport que nous avons l'honneur de vous faire.

Il s'agit, avons-nous dit, de deux prisons, l'une cellulaire, la prison de Mazas, l'autre de détention en commun, la prison des Madelonettes.

Le personnel, en réclusion à Mazas, se compose d'hommes faits et robustes, prévenus de délits et de crimes contre les personnes, ainsi que de délits politiques. C'est dire que la population de cette prison se forme d'individus les moins disposés aux maladies *diverses* qui sont les plus multipliées.

La population des Madelonettes, au contraire, se compose de condamnés, de mendiants ramassés au pied des bornes; de vagabonds, déjà depuis longtemps accablés par la misère; piliers d'hôpitaux, où souvent on refuse de les admettre. Vous jugez déjà, Messieurs, si ces deux populations peuvent être comparées.

Il devient inutile de vous dire que, dans la première, les maladies chroniques, les engorgements glandulaires et scrofuleux prédominent; et que, dans la seconde, les maladies de toute espèce sont aussi nombreuses que variées. Ceci rentre dans la nature des choses, et n'arrête pas un instant le praticien.

Voici maintenant un fait capital : en traitant la question de la folie, M. Lelut commence, dit M. de Pietra-Santa, par établir 1° que dans la société honnête, il y a deux aliénés sur mille individus; 2° que dans toute vie prisonnière, par des raisons tirées de la nature même de cette vie, et qu'il est bien facile de deviner, le chiffre des aliénés est beaucoup plus considérable; qu'il s'élève de 3 à 4, 5, 6 et même 15, pour les prisons de l'ancien régime. (Loos Ensishem, Haguenau).

Il n'est que de 2, 3, 5 au plus pour celles du nouveau.

Ces chiffres prouvent donc, dit-il, de la manière la plus positive, que l'emprisonnement individuel est beaucoup moins meurtrier pour le corps et pour l'âme, que l'emprisonnement collectif. Cela doit-être, ajoute le savant académicien, car toutes les conditions de l'incarcération individuelle sont égales ou supérieures à celles

du vieil emprisonnement. Égales, l'alimentation, le vête-
ment, le travail, l'exercice en plein air; supérieures,
l'habitation d'une cellule spacieuse et bien aérée; la
liberté de prendre du mouvement dans l'intervalle des
travaux; l'absence des excitations au vice, à la maladie.

Nous trouverons peut-être ailleurs l'occasion de voir
si, en effet, ces chiffres prouvent quelque chose. Du
reste, on pourrait obtenir tout cela, et mieux encore, si
l'on faisait construire exprès des prisons collectives,
comme on l'a fait pour la détention cellulaire.

Depuis près de cinquante ans, votre rapporteur est
médecin de la prison de Saint-Lazare et de celle des
Madelonettes; alors que cette maison était pour les
femmes ce qu'elle est aujourd'hui pour les hommes, il a
vu terminer l'organisation des prisons de Paris, par
MM. Frochot et Dubois, l'un préfet du département de
la Seine, l'autre préfet de police. Il a vu tous les chan-
gements qui se sont opérés à cette époque. Il faisait le
service de Saint-Lazare lorsque cette maison, alors des-
tinée aux longues condamnations et aux travaux forcés
jusqu'à perpétuité, renfermait les êtres les plus malheureux, les plus dénués d'espérance. Cependant, bien que
les maladies diverses y fussent moins nombreuses qu'aux
Madelonettes, et que les affections chroniques, et surtout la phthisie pulmonaire ou tuberculeuse, prédominas-
sent, la folie et le suicide y étaient rares; l'ordre y était
maintenu fortement; les punitions étaient graves; le
régime, même celui de l'infirmerie, était sévère; mais
le travail utile et rémunéré, les récréations, l'exercice,
les ressources de la cantine ne manquaient pas.

Depuis ce temps, des améliorations se sont incessamment opérées, et cette administration de la police, que dans le monde on connaît et l'on juge si mal, ne néglige rien de ce qui peut contribuer au bien-être des détenus : toutefois, dans les limites d'une sage direction. Rien d'important ne manque aux valides, et la plupart, nés dans les classes inférieures de la société, sont en quelque sorte, à la liberté près, mieux en prison que chez eux. Du reste, la chose est prouvée par le fait, puisqu'un grand nombre, reçus par hospitalité, viennent passer à Saint-Lazare la saison rigoureuse. Rien d'utile n'est refusé aux médecins ; les bains, les bandages, les médicaments les plus rares et les plus chers sont accordés, sans que jamais on leur reproche l'emploi de moyens que des administrations moins libérales ne jugeraient peut-être pas indispensables.

Où peut-on donc, dans tout cela, trouver des motifs au suicide ?

Dira-t-on que la disposition au suicide et à la folie est moins fréquente et moins grande chez les femmes que chez les hommes ? nous voulons bien l'admettre, car en effet, les détenues des Madelonettes ne se suicidaient pas plus que ne le font celles de Saint-Lazare, où l'on ne compte pas un seul suicide en plusieurs années.

Quant à la folie, je ne me rappelle pas, et aucun employé du service médical de la prison de Saint-Lazare ne se rappelle, qu'aucune aliénation mentale ait pris naissance et se soit développée dans l'établissement par le seul fait de la détention et de ses formes. Cependant beaucoup d'aliénées ont passé sous nos yeux, nous en avons la note exacte ; mais toutes l'étaient déjà avant leur incarcération ; la plupart même n'étaient en prison que par suite de fautes ou de délits que les troubles de leur intelligence leur avaient fait commettre ; les autres avaient déjà, pour des degrés divers d'aliénation, été traitées dans des établissements spéciaux. Quelques-unes même, peu gravement atteintes, ont guéri sans autres soins que le repos et le calme de l'esprit, qu'elles trouvaient dans un établissement qui les mettait à l'abri de la misère et des privations de toute espèce. Ce que nous disons de Saint-Lazare, nous pourrions le dire en général des autres modes de détention en commun , sous une direction convenable.

Mais, dira-t-on encore, il ne s'agit, pour nous, que de prisons d'hommes. Il y a aussi des prisons cellulaires pour les femmes, et d'ailleurs, il n'y a pas entre les deux sexes d'assez grandes différences pour que l'on ne puisse établir quelque comparaison.

Il est donc certain , pour nous, que le mode d'emprisonnement collectif ne donne pas lieu à l'aliénation mentale , plus que la vie sociale ordinaire.

En est-il de même de la détention cellulaire, dont nous venons de voir M. Lelut vanter les avantages ? Non !.... et sur ce point nous en appelons à M. Lelut lui-même, puisqu'il avoue que dans la prison cellulaire il se manifeste jusqu'à cinq aliénations, sur mille individus : aveu bien remarquable, et qui pourrait nous dispenser d'aller plus loin.

M. Lelut prétend donc, dit toujours M. de Pietra-Santa, que l'emprisonnement individuel est moins meurtrier, pour le corps et pour l'*âme*, que l'emprisonnement collectif.

Nous ne savons pas trop ce que c'est que cette âme que l'emprisonnement collectif tue, ni si l'on peut tuer une âme quelconque ; mais nous savons ce que sont, et ce que produisent les privations morales auxquelles on soumet les individus condamnés à la détention individuelle.

En définitive, nous faudra-t-il admettre ce que l'on prétend : c'est-à-dire que toutes les conditions de l'incarcération individuelle sont égales ou supérieures à celles du vieil emprisonnement.

On ne veut sans doute parler que des conditions matérielles ; ce que nous accordons volontiers, en conservant notre opinion sur toutes les autres.

Et en effet, ne peut-on pas dire aux partisans de l'emprisonnement cellulaire : vous fournissez, comme dans les autres prisons du reste, tout ce qui est absolument nécessaire à la vie organique ou animale ; mais vous refusez ce qui importe le plus à la vie morale. Vous accordez à vos prisonniers quelques livres qui ne sont pas toujours à la portée de l'intelligence de ceux qui savent lire, et qui, pour beaucoup d'autres, sont loin de soutenir le moral ou de rànimer l'espérance ; trois quarts d'heure de promenade, et de rares conversations avec les Directeurs, les aumôniers, les médecins, hommes très estimables sans doute, mais pour la fréquentation desquels la plupart des détenus, de caractère et de mœurs bien différents, n'éprouvent aucune sympathie. Vous n'ôtez pas la liberté de la pensée. Non !

vous ne le pouvez pas, par quelque procédé que vous veuillez vous y prendre, car l'entendement est ce que l'homme a de plus insaisissable et de plus libre ; mais par la détention solitaire, vous tendez à priver l'intelligence de tout ce qui peut l'exercer dans ses conditions hygiéniques normales ; de tout ce qui peut fixer et ranimer les affections ; c'est-à-dire, les agens moraux qui attachent à la vie : car l'homme ne vit que pour ce qu'il aime, ce qu'il désire, ce qu'il espère ; vos prisonniers sont, dites-vous, bien logés ; ils ne manquent, ce qui du reste n'est pas une grande libéralité, ni d'air, ni d'espace. Eh bien ! ils respirent sans distraction, sans consolation, pour déplorer le présent et craindre l'avenir. S'ils conservaient l'espérance, ils ne se tueraient pas.

Est-ce là suivre les lois de l'hygiène ! et ne doit-il pas d'infractions si graves naître des maladies chroniques : l'aliénation mentale, les dispositions au suicide ; les affections tuberculeuses, etc. C'est en effet ce qui arrive, l'expérience et le bon sens tendaient à le faire présumer ; les faits le confirment, autant que cela peut se faire par la comparaison d'établissements, dont l'organisation, la population, la durée d'emprisonnement ne se ressemblent pas.

On parle d'absence de l'excitation au vice, à la maladie ; cela est incontestable, mais des penchants vicieux ne peuvent-ils pas se satisfaire sous tous les modes de détention ? et, pour nous renfermer dans la question purement hygiénique, le vice solitaire, d'une pratique si facile, vers lequel tout porte un individu renfermé, sans distraction et sans témoin, est-il moins nuisible à la santé que d'autres vices, aussi dégoûtants et plus scandaleux sans doute, mais moins difficiles à connaître et à réprimer.

Messieurs, d'après ces considérations, votre commission pense : que l'emprisonnement cellulaire dont la première idée n'est pas française, dont l'application généralisée n'est pas dans nos mœurs; disons plus, est antipathique à notre caractère national, est contraire, chez nous, aux principes de l'hygiène;

Que si, dans des circonstances et dans des cas *exceptionnels*, ce mode d'emprisonnement peut être adopté, ce n'est qu'avec des formes, pour des individus et dans des conditions dont votre commission n'a pas à se préoccuper. Toutefois, elle doit dire que la détention particulière lui paraît convenable dans le cas de prévention;

Qu'en thèse générale, l'emprisonnement cellulaire de Mazas, ou de toute autre prison du même genre, exerce sur la santé des détenus une influence d'autant plus fâcheuse que la détention doit être plus prolongée;

Que, par l'importance, le choix du sujet et la manière dont il est traité, M. de Pietra Santa fait preuve d'un esprit solide et d'un talent distingué, qui mérite les encouragements de l'Académie.

En conséquence, votre commission a l'honneur de vous proposer l'envoi du travail de M. de Pietra Santa à votre comité de publication et des remercîments à l'auteur.

LONDE. COLLINEAU.

Telles sont les conclusions que nous avions déduites de notre rapport. La commission pouvait dire franchement et librement son opinion ; elle parlait à un corps savant qui pouvait redresser ses erreurs ; mais sur une question si grave et si délicate, l'Académie ne voulait se prononcer qu'avec une extrême réserve. En conséquence, elle jugea convenable de nous adjoindre cinq membres, qui sont : MM. Guéneau de Mussy, Ségalas, Baillarger, Ferrus et Adelon, M. Collineau demeurant rapporteur.

Cette commission ainsi constituée s'est réunie plusieurs fois, et il fut convenu généralement qu'elle ne pouvait rien décider entre MM. Lelut et de Pietra-Santa, relativement à la folie et au suicide dans la prison Mazas ; qu'elle laissait à chacun de ces Messieurs la responsabilité de ses opinions personnelles sur cette prison et sur des faits qu'elle n'avait pas constatés ; que, relativement à la valeur de l'emprisonnement cellulaire en général, comparé avec la détention collective, elle ne voulait engager ni sa responsabilité ni celle de l'Académie, avant de nouvelles études.

Cette détermination, qui nous parut fort sage, devait être la base de notre rapport et de nos conclusions modifiées ; mais de nouvelles exigences nous ayant mis en demeure de conclure dans un sens contraire à notre opinion hautement manifestée, nous avons dû donner notre démission de rapporteur et nous l'avons donnée.

D'un autre côté, M. Lelut, dont nous ne connaissions les travaux que par le mémoire de M. de Pietra-Santa, avait déclaré ne vouloir prendre aucune part à la discussion, parce que, disait-il, dans une lettre à M. le secrétaire perpétuel de l'Académie impériale de médecine, la question du système de l'emprisonnement cellulaire est *vidée* totalement en faveur de ce système. M. Lelut, qui s'était probablement ravisé, avait envoyé à l'Académie plusieurs de ses travaux, savoir : 1° un mémoire sur la déportation ; 2° un discours au corps législatif sur la déportation ; 3° un rapport à l'Académie des sciences morales et politiques sur un excellent travail de M. Ferrus, travail ayant pour titre : *Des prisons, de l'emprisonnement et des prisonniers ;* 4° plusieurs rapports adressés à MM. les préfets de police pour une commission chargée de l'examen des conditions physiques et morales de la prison cellulaire de Mazas, rapports très bien faits, parmi lesquels il y en a un de M. Lelut; 5° enfin, une lettre à M. ***, le tout accompagné d'une lettre d'envoi à M. le secrétaire perpétuel de l'Académie impériale de médecine.

Dans le rapport fait à l'Académie des sciences morales et politiques, M. Lelut nous apprend qu'il y a maintenant, en France, 25 prisons cellulaires, mais que sur ce nombre il n'y en a que 10 ou 12 *bonnes*, c'est-à-dire où l'isolement soit complet et sévère (1).

Toutefois, ces bonnes maisons ne sont que correctionnelles, c'est dire qu'elles ne sont destinées qu'à de courtes détentions.

Mais c'est précisément lorsqu'il ne s'agit que de prévention ou de courtes détentions que nous avons conclu

____

(1) *Moniteur,* 10 juillet 1850.

conditionnellement en faveur de l'emprisonnement cellulaire. Sous ce rapport nous serions heureux et fiers de nous trouver en conformité d'opinion avec M. Lelut.

En serait-il de même s'il s'agissait de détentions de longue durée? C'est une question, surtout en ce qui touche à l'hygiène. Nous maintenons notre avis là-dessus.

Et en effet, l'expérience et l'observation de tous les temps prouvent que la détention, soit solitaire, soit en commun, lorsqu'elle est prolongée, dispose à la folie, au suicide, aux maladies lymphatiques et tuberculeuses; mais surtout à la phthisie pulmonaire; et que ce sont les caractères les plus gais, les plus communicatifs, les plus sociables, qui supportent le moins la solitude et l'isolement forcé.

Dès lors nous devions dire, et nous avons dit, que l'emprisonnement cellulaire prolongé est antipathique à notre caractère national et qu'il est contraire aux lois de l'hygiène.

Cela nous engage à dire quelques mots sur la prison de Mazas et sur les prisonniers, en général.

La prison de Mazas, construite dans un but déterminé, nous a semblé résoudre un beau problème d'architecture; tout y est prévu, convenablement exécuté et remplit très bien, à notre avis, les conditions désirables de salubrité. La tenue de l'établissement est parfaite, l'ordre règne partout, la propreté y est admirable, tout y décèle une direction pleine de soins et d'intelligence.

Mais cet ordre même, ces soins minutieux, ce silence, ont quelque chose de profondément triste et désolant

pour tous ceux qui visitent pour la première fois les établissements de ce genre.

Un prévenu arrive-t-il dans cette maison cellulaire,
il voit d'un coup d'œil de longs corridors, d'immenses
galeries, des portes, des verroux. On l'introduit dans sa
cellule, et là, il trouve une chaise, une table, des lieux
d'aisances, une fenêtre ou plutôt une lucarne à sept ou
huit pieds de hauteur, un hamac, une porte qui se re-
ferme sur lui, des verroux qui retentissent et le silence.

Qui viendra maintenant le rassurer, le consoler ou le
plaindre? cependant il n'a peut-être à craindre qu'une
faible condamnation, il n'est peut-être pas coupable.

On nous dira sans doute que les aumôniers, les médecins, le directeur, etc., viendront le visiter; nous
savons là-dessus à quoi nous en tenir.

Parlons maintenant des prisonniers.

Nous ne dirons rien des détenus politiques; leur but,
leurs instincts, leurs mœurs, en font une classe à part.
Ils ne sont nombreux que pendant les maladies du corps
social, et le corps social n'est pas toujours malade.

Quant à la population ordinaire des prisons, on peut
la diviser en trois catégories, savoir : (1)

1º Les détenus qui, par caractère, par des habitudes
vicieuses, par mauvais naturel, sont disposés à tous les
écarts, à tous les crimes.

Ceux-là, bien que pouvant avoir encore quelques
bonnes qualités, ou quelque reste de sentiments géné-

(1) Cette classification à laquelle, pour ce qui nous concerne, nous
n'attachons pas d'importance, est à peu près celle que M. Ferrus a établie dans son beau travail sur les prisons et les prisonniers.

reux, sont incorrigibles, au moins en général, et par les moyens employés jusqu'ici pour les rappeler aux conditions de l'ordre social.

2° Ceux qui, par faiblesse de caractère, par défaut de principes, par l'influence des mauvais exemples, par suggestion, par ignorance, par défaut de discernement, joint au penchant pour le mal, à l'oisiveté et à la débauche, se laissent exploiter en quelque sorte par les premiers, dont ils sont la société habituelle, et qui, dans des cas analogues, tombent toujours dans les mêmes fautes. Ils sont également incorrigibles, parce qu'ils sont soumis tout à la fois à leurs penchants et à l'influence d'autrui. Ceux-là n'ont ni vices prédominants, ni qualités, ni vertu ; ils donnent quelquefois l'espoir de les ramener à la moralité, à une bonne conduite, mais ils y échappent incessamment.

De tous les défauts de caractère, la faiblesse, même accompagnée de quelque intelligence, est le plus incorrigible et, dans bien des cas, le plus méprisable.

3° Enfin, et ils sont en grand nombre, les individus qui ne sont naturellement ni vicieux, ni disposés au crime, mais qui toutefois n'ayant pas été suffisamment prémunis par l'éducation, par les bons exemples, les bonnes habitudes, ont été entraînés par un concours de circonstances fortuites et fatales ; par la séduction, par défaut d'expérience ; par une confiance mal placée, par une détermination irréfléchie, par l'erreur d'un moment, par l'ignorance de la culpabilité, par celle de la conséquence des actes, par la misère et ont commis des fautes, des délits ou des crimes, que, dans d'autres temps ou dans d'autres circonstances, leur caractère, leurs penchants, quelques principes de moralité leur auraient peut-être fait éviter, car bien souvent une bonne réflexion, un instant de retard, et le moindre obstacle, suffisent pour nous soustraire à un entraînement dangereux ou funeste.

Cette catégorie est, en quelque sorte, l'image de la société tout entière ; elle en a tous les défauts, toutes les qualités, tous les vices, et ces derniers portés souvent hors de la ligne des devoirs de l'état social, mais à des degrés qui n'excluent ni le repentir ni les avertissements de la conscience.

Y a-t-il beaucoup de gens qui, surtout dans la jeunesse, n'aient jamais commis de ces fautes que la loi aurait punies si elles eussent été connues ?

Faut-il traiter uniformément les individus qui composent ces trois catégories ?

C'est une question qu'il ne nous appartient pas de résoudre, nous ne nous occupons que d'hygiène.

On prétend qu'il n'est pas possible qu'un certain mode d'emprisonnement, pratiqué dans certaines conditions, donne lieu à un plus grand nombre de cas de mort et de folie que n'en aurait occasionné la détention collective.

Ce mode d'emprisonnement et ses conditions, les voici ; c'est M. Lelut qui parle :

1° Une cellule de trente à trente-cinq mètres d'étendue ;

2° Une ou deux heures de promenade par jour.

Ils ont tout au plus une petite heure, et c'est tout ce que l'on peut faire pour douze cents détenus. Ce n'est pas beaucoup pour la belle saison. Mais pendant six mois cela n'est plus possible , et ne serait même pas convenable. Il ne serait pas prudent de faire sortir d'une cellule échauffée quelquefois jusqu'à treize degrés, et d'exposer aux variations atmosphériques dans un petit local où l'on ne peut faire que quelques pas, des détenus d'une faible constitution.

3° De bonnes lectures dans l'intérieur de la cellule alternant avec le travail.

Tous les détenus ne savent pas lire , surtout dans les départements , d'autres qui savent lire n'aiment pas la lecture, ou ne seraient disposés à lire que des ouvrages que l'on ne doit pas leur procurer.

4° Enfin , des conversations journalières avec messieurs les aumôniers, les médecins, les membres du parquet, etc.

Mais ne peut-on pas obtenir tout cela et beaucoup mieux dans les prisons collectives ? Et , par exemple , l'exercice dans de vastes préaux , les lectures choisies faites à cent individus à la fois, les exhortations morales et pieuses, les chants religieux, une surveillance attentive et bienveillante, ne valent-ils pas pour la santé physique et morale, une solitude et un isolement sévère?

« Il est bon, il est nécessaire, dit-on, que les criminels condamnés soient *rigoureusement isolés* les uns des autres, pour qu'ils ne se corrompent pas les uns les autres ; pour que l'action réformatrice de cette société qu'ils ont attaquée s'exerce plus efficacement sur eux ; pour que, dans la prison, ils ne se connaissent pas ; qu'à leur sortie ils ne se reconnaissent pas, et qu'ainsi, ils ne puissent s'associer pour de nouveaux délits et de nouveaux crimes (1) »

Mais la prison de Mazas que l'on prend pour exemple, ne contient que des prévenus ; les criminels, s'il y en a, ne sont pas encore connus comme tels puisqu'ils ne sont pas jugés. Contre qui donc cette action réformatrice de la société ; contre qui ces paroles menaçantes ? On voudrait que les prisonniers ne se connussent pas et qu'ils ne pussent pas s'associer pour de nouveaux délits, pour de nouveaux crimes ; c'est un vœu fort légitime sans doute, mais quel avantage bien positif a donc ici le système cellulaire sur un système collectif modifié ? Nous ne le voyons pas clairement. N'y aurait-il pas là quelque motif à déception ? Isolez, comprimez autant que possible, sans nuire immédiatement à leur santé, des individus démoralisés, vicieux par penchant, par caractère, criminels ou non ; rigueurs inutiles ! Les mauvais sujets se flairent, en quelque sorte, ils se sentent à toute distance, et s'associent comme par instinct. S'ils ne se connaissaient pas avant la détention, ce qui est rare, ils sauront bien se trouver et se reconnaître après.

Quant aux malheureux qui ne sont devenus coupables que par surprise, par erreur, par circonstance, la détention collective a des moyens plus doux et plus efficaces de les soustraire à la séduction et aux rechutes.

On parle sans cesse, et bien haut, de rigueurs, de réforme, de moralisation ; ce ne sont que des mots tant

______

(1) Lelut, *Lettre à M****.

qu'on n'a pas les moyens d'y parvenir. Mais, encore une fois, la rigueur ne persuade pas ; l'isolement ne réforme pas ; la prison ne moralise pas ; le mépris et la sévérité n'appellent pas la confiance. Si, dans le cœur d'un homme, il reste encore quelque étincelle de ce feu sacré, quelqu'un de ces sentiments sur lesquels s'appuient l'honneur et la vertu, est-ce par un isolement rigoureux et forcé, par une défiance absolue et méprisante, que l'on ranimera cette vie morale, dont le principe n'est pas chez tous entièrement détruit.

Ceux qui ne savent pas combien un système de dépression peut abattre, combien quelques mots d'encouragement, quelques actes de bienveillance, peuvent rappeler de bons sentiments, ceux-là, disons-nous, ne connaissent ni notre caractère national, ni le cœur humain.

Nous n'irons pas plus loin.

Dans sa lettre à M. M***, M. Lelut fait à nos allégations, assurément bien désintéressées, l'application d'une réponse que, suivant Pascal, un père capucin adressait à quelques membres d'une société célèbre : *mentiris impudentissime !* Il dit encore que la question de l'utilité de l'emprisonnement cellulaire est tellement claire, tellement bien établie, que toute discussion sur ce point devient *nauséabonde* (1).

Cette lettre de M. Lelut, ayant été retirée de nos mains et imprimée après la lecture de notre rapport, nous avons lieu de croire que ce qu'elle contient d'hostile

____

(1) Lettre à M***.

et d'inconvenant, est, au moins en grande partie, à notre adresse. Nous n'en acceptons rien ; nous répondrons seulement à M. Lelut, que nous sommes loin de penser de lui ce qu'il dit de nous ; que, sans partager sa manière de voir sur tous les points, nous avons trouvé dans tous ses travaux, que nous avons lus avec beaucoup d'intérêt, autant de bonne foi que de talent ; que nos goûts, nos habitudes, nous ont toujours éloigné de discussions dans lesquelles il pourrait entrer moins de science que d'impolitesse. Que nous ne regardons pas comme *nauséabonde* une question délicate, qui, loin d'être vidée, offre toujours beaucoup d'importance ; et sur ce point, nous sommes heureux de nous appuyer sur l'opinion de l'Académie impériale de médecine ; que dès lors, nous nous arrêterons là, laissant de côté des investigations qui, aussi nombreuses et aussi approfondies qu'il nous a été possible, nous disposent à croire :

1° Que, quel que soit le système de détention, quelles que soient les mesures de salubrité, la prison, par elle-même, ne moralise ni ne fortifie. Le moral et le physique s'affaiblissent d'autant plus que la détention est plus longue et plus sévère, car les forces de l'intelligence, la santé de l'âme si l'on veut, réclament, comme celles du corps, le mouvement et l'exercice.

2° Que, quelque sévère que soient la détention et l'isolement, portés même jusqu'au point de nuire à la santé, ils ne changent pas le naturel.

3° Qu'appliqués à des êtres sensibles et intelligents, quelque viciés et dépravés qu'on les suppose, ils découragent, désespèrent, oppriment, abrutissent et dégradent.

Ils découragent et désespèrent, les suicides le prouvent.

Ils oppriment, parce qu'ils mettent à la disposition de quelques individus les moyens les plus sûrs de forcer à l'obéissance, la privation d'aliments, car il n'en est pas ici comme des prisons collectives, où les détenus peuvent partager leur pitance. Dans la détention cellulaire, celui que l'on prive d'une partie de sa nourriture n'a aucun moyen de se soustraire à ce genre de punition; les aliments ne passent pas à travers les murailles.

Ils abrutissent par cette soumission forcée que détermine le sentiment d'une résistance inutile.

Ils dégradent par cela même qu'ils abrutissent.

4° Que tous les inconvénients que nous signalons prennent leur source dans la prétention anti-hygiénique et anti-logique de soumettre au même régime, à la même règle inflexible, des caractères, des tempéraments, des organismes divers et variables; de vouloir juger et régler par le calcul, par des chiffres, ce qui ne peut être saisi et compris que par le travail de la pensée. Et, par exemple, le chiffre du suicide ou de la folie s'est à peine élevé à sept pour cent cette année, mais l'année prochaine il peut s'élever à dix. Et quand même cela ne serait pas, n'y a-t-il à craindre que la folie et le suicide, sans s'inquiéter d'affections chroniques de toute espèce, dont on prend le germe dans la prison et dont on va mourir ailleurs.

D'un autre côté, la fréquence du suicide ne doit-elle pas diminuer à raison des mesures multipliées et intelligentes que l'on prend pour s'y opposer. Laissez sous ce rapport aux encellulés la facilité qu'ils auraient dans une prison collective, et vous verrez s'il y aura encore quelque comparaison à faire.

5° Que l'emprisonnement cellulaire ne présente, en lui-même, qu'un seul avantage, encore n'est-il pas hygiénique, et peut-il être obtenu facilement de la détention collective ; c'est de séparer des autres prisonniers certains détenus dont la position sociale, l'âge, le caractère, l'éducation et les mœurs réclament un intérêt particulier.

6° Qu'au point de vue hygiénique, comme sous tout autre rapport, les systèmes de détention doivent marcher avec les mœurs ; et que, dès-lors, de bons administrateurs, des hommes spéciaux et pratiques, valent plus et mieux pour juger et pour diriger que des savants armés ou plutôt chargés de chiffres.

7° Que, comparer les prisons cellulaires, construites exprès et organisées avec autant de soin que de prévoyance, avec les prisons collectives, sous le triple rapport de la disposition à la folie, au suicide et aux maladies chroniques, c'est rapprocher des choses qui ne se ressemblent pas ; appeler les chiffres à l'appui de cette comparaison, c'est faire une fausse application du calcul, c'est en abuser, c'est oublier que les principes de l'hygiène se refusent à toute règle absolue.

8° Que le système cellulaire rigoureusement suivi,

comme dans ce que M. Lelut appelle les *bonnes prisons*, est faux, par cela même qu'il est absolu.

9° Qu'un système de détention mixte est le seul qui puisse s'accorder, au moins sous le plus grand nombre de rapports, avec la punition, la moralisation et l'hygiène.

COLLINEAU.